AF263346

Te 9/46

MÉDECINE PHYSIOLOGIQUE

LÉGISLATION SANITAIRE

Par le docteur L. F. BIGEON,

Médecin des épidémies, Inspecteur des Eaux Minérales de Dinan,
ancien président du Conseil d'arrondissement, du bureau
de bienfaisance, adjoint au maire, etc.

L'abus des remèdes, surtout de la saignée et des
évacuants du canal alimentaire, est la cause la plus puissante de notre
destruction prématurée, des maux et des
infirmités que la précèdent.

Dire au public et au pouvoir ce qu'on sait être la vérité, c'est dans tous les temps un droit du citoyen. — La vérité connue, en faire d'utiles applications, c'est pour le pouvoir, c'est pour l'honnête homme, une obligation, un devoir.

Et la presse, sentinelle avancée, chargée de veiller à la sûreté publique, à l'amélioration sociale, en vue des victimes, plus de mille Français chaque jour, peut-elle se montrer impassible? (page 44).

PRIX : 10 CENT.

PARIS,

Chez Leclerc, rue de l'École de Médecine, 12.
Derache, rue du Bouloy, 7.
ET AUTRES PRINCIPAUX LIBRAIRES.

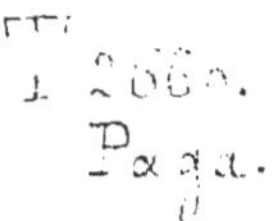

NOTE DE L'ÉDITEUR.

L'expression MÉDECINE PHYSIOLOGIQUE (médecine de la nature), fut consacrée dans un rapport lu à la Société, aujourd'hui Académie royale de médecine, en l'an 14, plus de dix années avant que le professeur du Val-de-Grâce la substituât aux mots NOUVELLE DOCTRINE.

La pensée du docteur Bigeon ne pouvant être autrement rendue, il a dû conserver cette expression ; mais en faisant remarquer que son célèbre compatriote ne l'adopta qu'après avoir reçu ses mémoires, en 1816.

«La médecine que M. Bigeon appelle PHYSIOLOGIQUE, et qui a pour base des différences mieux calculées de l'homme sain et malade, non pas sur une simple apparence symptômatique, mais d'après l'ensemble de tous les phénomènes respectifs, est sans doute la plus difficile à cultiver ; mais c'est aussi celle dont les résultats sont les plus certains, parce qu'elle s'appuie sur les meilleures inductions de la séméïotique, en remontant le plus possible des effets aux causes; seul moyen de connaître et de comparer avec les ressources de la nature, le siége du mal, son caractère, ses véritables indications, ses périodes et crises..... »

Extrait du rapport lu à la séance du 19 frimaire, an 14, journal, n° 114.

« Comment l'abus de la saignée sape-t-il les fondements de l'économie vivante, combien est-il intéressant d'user de ce remède avec prudence ? Ce sont des questions que le médecin de Dinan cherche à mettre à la portée de toutes les classes de lecteurs, par des explications très instructives, en invoquant les autorités classiques les mieux choisies et en s'appuyant de sa propre expérience. Ses observations sont d'accord avec les aveux même de Galien et de Sydenham. M. Bigeon a l'art d'amener en quelque sorte à récipiscence ces deux grands amateurs de la phlébotomie. »(de la saignée). . . . .

Rapport à la même Société par son secrétaire, le docteur R. de Chamscru, journal de septembre 1813, *p.* 61.

« C'est pour proscrire des abus homicides et rendre à notre profession sa noblesse et son éclat que le docteur L. F. Bigeon a publié des observations et des réflexions pleines de sagesse, et d'autant plus importantes qu'elles ont pour base et pour preuve irréfragable une pratique infiniment heureuse. M. Bigeon n'est point un empirique qui, proclamant avec orgueil ses nombreux et brillants succès, rejette la théorie comme superflue ; il puise au contraire dans la physiologie et dans la pathologie les raisonnements qui fondent et confirment son expérience. »

Journal univ. des Sciences médicales, sept. 1816, *p.* 361.

Si nous rappelons ces témoignages d'assentiment, donnés aux écrits et à la pratique du docteur Bigeon, par les Sociétés savantes, par ses plus honorables confrères; les témoignages de confiance qu'il a reçus de ses concitoyens, les fonctions qu'il a remplies, c'est que nous avons comme lui une profonde conviction et un désir bien sincère de servir la science et l'humanité, c'est que nous espérons accélérer ainsi la réforme qu'il sollicite, assurer une prompte amélioration de mœurs, un accroissement rapide de la prospérité publique; mais avant tout il faut être lu, il faut être court : nous indiquerons seulement les pages où quelques uns de ces témoignages d'assentiment, d'estime et de reconnaissance sont exprimés. Voy. p. 9, 25, 61, 148, 234.

Comme le journal l'*Echo du Monde savant*, par quelques citations nous ferons connaître à nos lecteurs « les idées que M. Bigeon soutient avec tant d'ardeur et qu'il développe avec tant de science et de talent. » 7 décembre 1845,

Plusieurs autres journaux de médecine, littéraires et politiques, y prenant le même intérêt, ont annoncé cette nouvelle édition.

———

MÉDECINE PHYSIOLOGIQUE

LÉGISLATION SANITAIRE.

EXTRAIT.

La science qui importe le plus au bonheur des hommes, à la prospérité des états, celle qui peut concourir le plus efficacement à l'amélioration des mœurs, la médecine, paraît fixer enfin l'attention du pouvoir, et les journaux littéraires et politiques commencent à lui ouvrir leurs colonnes. C'est un progrès, un pas immense ; et que sont en effet les autres biens sans la santé, sans la vie ?

Des faits dont se compose cette brochure, on a tiré des conséquences qui de nos jours ont reçu des Sociétés savantes et des médecins les plus dignes, un accueil aussi unanime qu'honorable ; les raisonnements n'ont point été contestés, mais aux vérités les mieux démontrées, lorsque contre elles s'élèvent de grands intérêts et des préventions, toujours on oppose avec quelques succès des raisonnements spécieux et des assertions vagues. Attachons-nous donc uniquement aux faits, aux faits authentiques et faciles à vérifier. Ils sont nombreux en faveur de la médecine vraiment physiologique, et, sur un sujet d'un aussi grand intérêt, quelques pages employées à leur énonciation, ne paraîtraient pas longues à ceux de nos lecteurs qui considéreraient que chaque jour leur tête est menacée, que plus d'un tiers des décès est dû au défaut de soins, à l'abus des remèdes.

Les fauteurs des méthodes perturbatrices ont été souvent et durement provoqués, ils le sont chaque jour ; et l'on saura enfin où sont la vérité et la bonne foi, s'ils n'opposent que le silence, des assertions vagues ou des injures aux faits authentiques, dont s'appuient les médecins, les ministres de la nature.

Que, par l'extrait des registres de l'État civil , la confiance des malades soit éclairée, que la sollicitude du pouvoir soit fortement excitée, il ne leur restera que le souvenir, la honte d'une pratique au moins irréfléchie et malheureuse. « Un accroissement gradué de population a toujours été regardé comme un des signes les moins équivoques de la prospérité croissante d'une ville, d'une contrée ou d'un empire. De même , un rapport décroissant de mortalité n'est-il pas un témoignage irréfragable que donne la médecine de ses principes et de de sa dignité, en luttant contre les efforts de la destruction et de la mort. » *Pinel, médecine clinique,* page 466.

Les décès ont été seulement d'un sur 52 individus dans le premier arrondissement de Paris, lorsqu'on en comptait, dans le douzième, un sur **26**, moitié plus. (***Revue des Deux Mondes***, octobre 1842, p. 141).

Pendant que la doctrine professée à la Faculté de Paris était généralement adoptée, en 1809, 10 et 11, décès 50,452.

Pendant le triomphe de la NOUVELLE DOCTRINE, lorsque le sang coulait abondamment et de toutes parts, sans que l'on observât de maladies épidémiques, en 1820, 21 et 22, décès 70,030.

Augmentation plus du tiers, plus de 6,000 par an.

(***Gazette de Santé***, 5 et 15 novembre 1823)

La classe industrielle, ouvrière, à laquelle l'Etat doit sa richesse, sa force, et conséquemment des secours et des soins, lorsqu'elle est malade, partout, même dans les villes où l'on fait pour elle de grands sacrifices, meurt dans une proportion effrayante. Elle abuse, dit-on, des jouissances qu'elle peut se procurer ! C'est qu'on ne lui en fait point assez connaître les funestes conséquences, et le plus souvent elle n'est que malheureuse.

Exposée aux accidents inséparables de l'exercice de la plupart des professions, au froid, à la pluie, mal vêtue, mal nourrie, inquiète sur son avenir, entourée d'émanations délétères, de miasmes insalubres, incapable d'apprécier sa position sanitaire, aisément elle se laisse séduire, tromper. Elle veut guérir promptement : travailler, c'est pour elle un besoin, et, sous nos institutions, toujours elle préférera à une médication raisonnée, physiologique, des remèdes très actifs, violents : elle cède à ce qu'elle appelle sa propre expérience, à une expérience qui, comme nous le verrons bientôt, est essentiellement trompeuse, elle cède à des opinions que soutiennent encore des hommes inhabiles ou sans conscience. Ne pas l'avertir, ne pas lui dire ce qu'on sait être la vérité, c'est pour l'honnête homme, et plus encore pour le pouvoir, une incurie inexcusable. Qu'elle connaisse, et qu'elle n'oublie plus cette pensée divine : *La vie de la chair est dans le sang.* (Lévitique, chap. 17, v. 11).

Excusons l'erreur, mais ne craignons pas de répéter cette évocation d'un grand poète :

> Exterminez, grand Dieu, de la terre où nous sommes,
> Quiconque sans frémir, répand le sang des hommes.

Le public lettré se montre lui-même quelquefois imprudent, mais il est prévenu contre l'abus des remèdes, et, dans cette classe, si le malade ne guérit pas en quelques jours, si une guérison prompte et sure ne lui est pas promise, il s'entoure de médecins aux remèdes secrets qu'ils disent infaillibles.

Que ces médecins, aujourd'hui à la mode, la plupart étrangers à la science que sous nos institutions ils espèrent envahir, soient magnétiseurs, homœopathes ou hydrothérapistes, qu'ils emploient exclusivement la cigarette, le camphre, l'ammoniac ou tout autre remède, à des doses infiniment petites, un millionième de grain, lorsque la nature n'est pas contrariée, lorsqu'un régime convenable est suivi, ils voient des malades guérir, ordinairement plus des neuf dixièmes. Ils peuvent citer des succès en faveur des paradoxes dont ils s'appuient; ces succès, il les exagèrent, ils les embellisent, et bien que leur traitement soit moins dangereux que celui des Purgons et des grands saigneurs, il doit être signalé, stigmatisé.

Les guérisons pourraient être plus promptes. Beaucoup de malades, ainsi traités, languissent, meurent privés des secours que leur offriraient des médecins probes et instruits, si le merveilleux l'incroyable avaient moins d'empire sur les esprits faibles, ou affaiblis par l'âge, les maladies, la crainte de la mort.

Que la reconnaissance des malades ne soit plus uniquement fondée sur la gravité et la durée des maladies, que la fortune et la considération des médecins soient la conséquence de leurs succès réels, qu'ils soient les dispensateurs des secours publics, de hautes capacités ne rougiront point d'exercer auprès de leur semblables, des fonctions honorées, et, secondés par des aides de leur choix, ils porteront des consolations et des secours à toutes les misères. N'étant réunis par aucun lien étranger à l'État, ils seront des plus fermes appuis de nos institutions, et sans peine ils persuaderont que le travail et les bonnes mœurs sont les éléments du vrai bonheur, des jouissances durables; ils contribueront ainsi à placer, en peu d'années, la France au premier rang des nations.

Il est aujourd'hui incontestable que les médications perturbatrices ne procurent presque jamais qu'un mieux être passager, trompeur; qu'elles déterminent des révulsions, des déplacements, des transports d'humeur sur les organes les plus importants à la vie, et que, dans ces organes, la sensibilité est si peu développée que souvent ils s'altèrent, se putréfient sans douleurs.

L'homme du monde, ignorant cette dernière disposition, ne conçoit pas que des rechutes, souvent la mort puissent être le résultat de l'emploi de remèdes dont l'utilité lui paraît démontrée parce qu'il appelle sa propre expérience, par le soulagement qu'il éprouve, par l'exemple de médecins souvent honorables, mais trompés par les guérisons qu'ils observent. Cédant toujours aux impressions qu'ils reçoivent, aux vœux qui leur sont exprimés, l'expérience ne leur apprend rien; ils voient des malades sans voir la progression et la terminaison naturelle des maladies, et cependant les faits qui attestent la funeste influence des médications populaires sont nombreux et authentiques.

Nous n'en citerons qu'un petit nombre : les rappeler au public et au pouvoir, les répéter sans cesse, est un droit, un devoir, ils sont décisifs.

Dans l'arrondissement de Dinan, pendant deux années consécutives, lorsqu'il n'existait pas de maladies épidémiques, décès un septième en plus dans les communes habitées par des officiers de santé que dans celles où l'absence de toute officine rendait difficile et rare l'abus des remèdes. (*Extrait des registres*, p. 109).

A Dinan, pendant quatre années, prises au hasard, après un intervalle de cinquante ans: lorsque les saignées, les vomitifs et les purgatifs étaient considérés comme remèdes généraux, applicables à presque toutes les maladies, en 1786, 1787, 1788 et 1789, décès = 856. — Pendant les années 1836, 1837, 1838 et 1839, décès = 760. La population ayant augmenté d'un quart, différence en moins, toutes choses égales, plus d'un tiers.

Si de l'an 1 à l'an 12 de la République, on retire l'an 12 et l'an 6, reste pour les dix autres, 2599 décès, population 6,406. Morts, un habitant sur 24 1/2, lorsqu'il n'y avait pas d'épidémie. En l'an 12, décès 463, 1 sur 13 3/4. (*Voy, p.* 44).

En se fixant à Dinan, après l'an 12, M. Bigeon y exposa les principes d'après lesquels sa pratique serait dirigée, et il y établit un dispensaire, tenu dans sa maison par un officier de santé et un pharmacien. Depuis cette époque, depuis quarante ans, la mortalité dans cette ville a été moindre, toutes choses égales, de plus d'un tiers.

En avril 1795, à l'hospice ambulant de Nozay, la dyssenterie, traitée par des saignées et des vomitifs, comptait chaque jour des victimes. Chargé pendant dix jours de la direction médicale de cet hospice, M. Bigeon se borna à une médication légèrement tonique, calmante et révulsive. On comptait alors plus de trente soldats dyssentériques : aucun ne succomba.

A Pleurtuit, en janvier 1802, une fièvre épidémique détermina de nombreux décès. L'abus des saignées, des vomitifs et des purgatifs était évidemment la cause de la mortalité observée, et il ne pouvait faire promptement cesser cet abus qu'en prouvant, contre ses intérêts, sa profonde conviction. Aucuns secours publics n'étant alors offerts aux pauvres, ils souffraient beaucoup. Il refusa ses soins aux riches qui avaient recouru à une médication perturbatrice, si de leur bourse ils ne secouraient les pauvres. Dix à douze consentirent à cet acte de bienfaisance. Le traitement que

M. Bigeon indiquait fut généralement adopté et l'épidémie cessa de faire des victimes.

En août 1806, à Saint-Cast, une fièvre ataxique enleva en peu de jours quatre malades. Quinze dans le même village étaient en danger : un seul, qui n'offrait aucun espoir, mourut. Des secours convenables furent administrés au nom du gouvernement, et cette année, si l'on en jugeait uniquement par les décès, compterait parmi les plus salubres.

En 1815, 16 et 17, la dyssenterie fut, sous l'influence des évacuants très répandue et très funeste. Dans une seule année, 1817, 1,603 malades reçurent des soins sous la direction de M. Bigeon. Comme les années précédentes, l'état nominatif de ces malades, avec indication des traitements lui fut remis, certifié par les officiers de santé, les maires et les curés. Dans une seule commune, en huit jours, sur vingt-neuf dyssentériques, neuf étaient morts émétisés : plusieurs donnaient de vives inquiétudes et leur nombre augmentait rapidement, lorsqu'on l'appela. Pendant les vingt-cinq jours suivants, on ne compta que sept décès de tout âge et de toutes maladies, quoique cent quinze malades, atteints de la dyssenterie, aient eu besoin de secours.

Le choléra sévit de la manière la plus violente dans le village de l'Isle, en septembre 1832. Population 409. Près de la moitié de cette population effrayée avait quitté ou était atteinte ; à chaque instant on voyait de nouveaux malades : dix-sept étaient morts en trois jours, lorsque des secours publics purent être offerts. Leur administration fit renaître l'espérance. Six cholériques, des plus gravement affectés, moururent en trois jours : un seul périt dans la semaine suivante.

Plusieurs autres épidémies, spécialement celle de Saint-Solain, sans avoir été très meurtrières, prouvent d'utiles applications de la médecine physiologique, et la funeste influence des méthodes débilitantes et perturbatrices.

En quinze années consécutives, le séminaire de Dinan a présenté une population plus qu'égale à 1,500 hommes, pendant un an. Aucun malade n'est mort, aucun n'est sorti malade.

Les jeunes gens dont se composent nos armées meurent dans la proportion d'un sur treize et demi, pendant la première année de leur service. *Chambre des députés, le Siècle, 4 juin* 1839. *Voyez* pag. 57, 58, 110, 187, 214, 230, 239, 148.

Les épidémies, comme on le voit, après avoir été très meurtrières dans quelques communes, sous l'influence des méthodes débilitantes et pertubatrices, sur des malheureux profondément affaiblis, par des privations et des travaux excessifs, ont cédé toujours promptement, presque instantanément, aussitôt que, avec des secours de toute nature, offerts par le gouvernement, on a satisfait les besoins les plus pressants et dissipé les inquiétudes, la terreur qui toujours accompagnent les épidémies graves.

Les faits et les raisonnements, toujours présentés dans cet écrit, sans égard aux passions qu'ils pouvaient mettre en jeu, souvent en opposition avec les idées généralement admises, ont été confirmés par des observations nouvelles, spécialement sur l'exhalation sanguine. (*Voy. pag.* 16). Sur les fièvres dites essentielles, sur la nécessité de rechercher le mode de lésion que les organes éprouvent, sur le danger d'imiter la nature, lorsqu'il y a aberration dans ses efforts, de saigner parce qu'il y a hémorrhagie, d'employer des remèdes irritants, des vomitfs ou des purgatifs, lorsque l'irritation, l'inflammation du canal alimentaire s'annoncent par le vomissement ou la diarrhée. Les remarques de l'auteur sur l'altération des fluides, considérée comme cause des maladies, sont aujourd'hui confirmées par les belles expériences de MM. Magendie, Andral et Becquerel.

La recherche des priorités importe à l'histoire de la Science, mais nous laissons aux spécialités médicales le soin de cette recherche, nous ferons seulement remarquer aux personnes du monde qui craignent d'ouvrir tout livre de médecine que, dans celui-ci, on a évité ce qui pourrait n'être pas facilement et généralement compris. L'on peut dire du tout ce que, dans la gazette de Santé, un critique judicieux, le docteur Marie de Saint-Ursin, a dit d'une partie : « Cette brochure est à la fois agréable et instructive et l'on y remarque un sage commentaire de cette pensée de Stoll, si féconde en médecine : Les grandes maladies sont presque toujours l'effet des grands remèdes, des négligences ou

des erreurs commises dans le traitement des indispositions »
11 *thermidor* XIII.

Si l'on considère la statistique des autres parties de l'arrondissement de Dinan, des villes voisines, des différents âges, des différents pays, on reconnaît que la vie moyenne pourrait être plus que doublée, mais lors même que la mortalité ne serait généralement diminuée que d'un tiers, les médecins rétribués à raison de leurs succès, par l'impôt perçu sur les personnes conservées à la vie, seraient en France en bonne position. Nos charges communes étant de plus de 30 fr., par individu, les droits acquis par ceux de la ville de Dinan, depuis quarante ans, eussent été, année commune, plus de 5,000 francs.

L'établissement de médecins-cantonnaux rétribués, comme M. Bigeon le proposa en 1812, éclaircrait la confiance des malades et concilierait leurs intérêts à ceux des médecins, Ceux-ci, sans être exposés à des exigences pénibles, à des plaintes injustes assureraient des soins à la classe indigente, en s'aidant des filles pieuses, des sages-femmes, des religieuses, des pharmaciens, des officiers de santé, des jeunes médecins; et, en régularisant l'emploi des aumônes particulières et communales, ils soulageraient toutes les misères.

Toujours préoccupé de cette pensée : Dire ce qu'on sait être la vérité, c'est un devoir, lorsque M. Bigeon apprit que dans le congrès médical, une forte majorité s'était prononcée contre l'établissement qu'il avait proposé, quoique devant rester étranger à la nouvelle organisation, il se rendit à Paris, avec l'espoir de détruire de funestes préventions, « de combattre avec succès des doctrines meurtrières, de faire adopter une médication d'une utilité constatée par les registres de l'état civil, par l'assentiment de ses juges naturels, les médecins vraiment dignes. » (*Lettre remise individuellement à MM. les pairs, à MM. les députés, à MM. les ministres, le 16 janvier 1846.*)

L'institution proposée étant éminemment sociale, a eu l'assentiment de la haute commission des études médicales, convoquée après le congrès, et elle paraît aujourd'hui réunir tous les suffrages. Aucune affaire n'étant plus importante que la conservation à la vie, à la société, chaque année de plusieurs cent mille français, le pouvoir, sachant d'ailleurs que ce sont les personnes bien portantes, dans l'âge adulte qui produisent, qui enrichissent l'État, s'empressera de réaliser les espérances qu'il donne, de s'affranchir d'une responsabilité effrayante. Est-il sans reproche, si l'on a pu considérer comme légalement répréhensible, coupable d'homicide, le médecin qui à toute heure, en tout lieu ne se rend pas auprès d'un malade en danger! Et la presse, sentinelle avancée, chargée de veiller à la sûreté publique, à l'amélioration sociale, en vue des victimes, plus de mille chaque jour, peut-elle se montrer impassible?

Laisser mourir, laisser tuer est un système barbare, et, en France, contraire à tous les intérêts. Nos colonies, dont une est sans limites, à nos portes, sous un beau ciel, sur un sol des plus féconds, offriraient pendant des siècles une retraite convenable à la population la plus agitée, la moins attachée au pays qui l'a vue naître.

Nos charges individuelles ne peuvent être, dit-on, augmentées; mais lorsque, pour obtenir d'utiles et immenses résultats, elle n'est pas demandée, alléguer cette augmentation, ce ne serait qu'un prétexte à l'appui du système de Malthus, du système des hommes profondément égoïstes et trompés sur leurs véritables intérêts. (*Voy. pag.* 77).

La santé, la vie étant de tous les intérêts le plus grand, les lois organiques de la médecine ne peuvent être étrangères à aucun lecteur. Nous recommandons spécialement les articles :

Réflexions sur l'importance des services que la médecine rendrait à la société si, pour bannir le charlatanisme, on faisait dépendre de leurs succès réels, l'honneur et la fortune des médecins, 1812. (*Voy pag.* 67).

De la perfectibilité physique, morale et intellectuelle dont l'homme est susceptible. (*Voy. pag.* 81).

De la mendicité et de son extinction par l'éducation et le travail. (*Voy. pag.* 155),

Notice adressée aux principales autorités législatives et administratives, sur l'utilité dont pourrait être la médecine et sur le danger de ses fausses applications (*Voy. pag.* 209).

La citation de quelques passages de cette brochure fera connaître la pensée de l'auteur sur l'amélioration sociale qu'il se plait
à entrevoir et que nous espérons comme lui, si une forte impulsion est donnée, si, comme il le propose, chacun répète : « Les
faits contre la médecine populaire, contre les doctrines que l'empirisme propage, sont si décisifs, les témoignages d'assentiment
des sociétés de médecine, des médecins les plus habiles, les plus
honorables, les plus haut placés, en faveur de la médecine rationnelle, physiologique sont si imposants, si nombreux, les malades à la campagne sont si dépourvus de secours, si malheureux.. que refuser son concours, c'est plus aux yeux d'un honnête
homme que ne pas dire la vérité, c'est se rendre complice de
grands abus, de grands crimes, c'est refuser à un aveugle, sur le
bord d'un précipice un bras secourable, un simple avertissement. » (*Lettre du docteur Bigeon, à son ami le professeur Fou-
quier, médecin du roi. 15 novembre 1845). (Voy pag. 8).*

*Extrait d'un rapport fait à la Société de médecine, aujour-
d'hui l'Académie-Royale, par son secrétaire.*

« Les bons esprits doivent rivaliser entre eux, à l'exemple de
M. Bigeon, pour répandre dans les localités qu'ils habitent d'utiles instructions et parler sans cesse à la raison de leurs concitoyens, sur les véritables intérêts de la santé. »

M. Bigeon n'a pas seulement parlé à la raison de ses concitoyens. Sous tous les gouvernements qui se sont succédé en France
depuis quarante ans, il s'est adressé au pouvoir, il lui a dit tout
entière, toute nue ce qu'il considérait comme la vérité. (1)

(1) Dans son projet de loi sur les patentes, présenté en 1843, le gouvernement proposait d'y assujettir même les médecins chargés sans rétribution du traitement des pauvres ; M. Bigeon aussitôt fit réimprimer
la requête qu'en 1840 il avait fait remettre au Roi, sur les funestes conséquences de notre législation sanitaire, avec de nouvelles réflexions sur
l'injustice et l'immoralité d'un impôt perçu sur les victimes du sort,
souvent sur les victimes d'un travail dont l'état s'était enrichi.

Cet écrit fut remis individuellement aux membres des deux Chambres, et de nouvelles considérations leur furent adressées en 1844, avant
la discussion du projet. Contre toutes les apparences, contre tout espoir,
l'impôt sur les maladies a été supprimé, et les témoignages presque una-

Les congrès ayant eu et devant avoir de grands et utiles résultats, nous croyons devoir rappeler ici les pensées émises dans le PREMIER CONGRÈS MÉDICAL.

EXTRAIT DU PROCÈS-VERBAL

de la Séance du 26 décembre 1843, Pontivy.

«... Tous les médecins qui voudront faire partie de la société seront admis de droit, en adressant une demande écrite au président.

Les médecins soussignés prennent l'engagement formel de ne point se faire concurrence.

Le bureau est chargé de rédiger une pétition adressée à la chambre des députés. Dans cette pétition on demandera la suppression de la patente, une modification du tarif des frais de justice criminelle et une loi sur l'organisation médicale...

Une réunion aura lieu chaque année dans des localités différentes ; la première réunion est convoquée à Ploërmel, pour le premier mardi d'août. » . . . .

LETTRE DU PRÉSIDENT AU D. BIGEON.

Loudéac, 21 *mars* 1844.

« Je vous adresse ci-dessus une copie du procès-verbal... Il sera bientôt imprimé.

La pétition relative aux patentes n'a pu être signée en temps utile pour être présentée aux chambres.

J'approuve beaucoup les idées émises dans vos différentes lettres, et surtout la création de médecins de canton, avec mission de traiter les indigents, ils sont malheureusement trop nombreux dans notre misérable pays.

nimes d'assentiment donnés à cette suppression, par le gouvernement lui-même, prouvent qu'en France tout ce qui est bien sera tôt ou tard accueilli, s'il est sollicité avec la constance que fait naître une profonde conviction. (*Voy. pag.* 9).

Les nouvelles considérations adressées aux Chambres, en 1844, se trouvent dans la lettre au président du congrès médical de Pontivy, le docteur Lansard. (*Voy. pag.* 241).

J'approuve aussi votre avis de continuer les réunions et de les rendre plus nombreuses, afin d'organiser le corps des médecins : c'est le moyen d'être forts et de nous faire écouter du pouvoir. »

.   .   .   .

Extrait du mémoire : DES SYSTÉMATIQUES ET DE LEURS ADEPTES.

1824.

> Hi tragœdiarum actoribus maximè similes vidéntur
> quemadmodùm enim illi figuram quidem et
> habitum ac personam eorum quos referunt
> habent, illi ipsi autem verè non sunt.
>
> Hipp.

« Chaque siècle a vu naître et périr plusieurs systèmes, et toujours à des exagérations, à des méthodes exclusives ont succédé des exagérations nouvelles, des méthodes exclusives. Aujourd'hui les hommes faibles, ineptes ou ambitieux, essentiellement adeptes des systèmes à la mode, appliquent des légions de sangsues. Sous l'influence de leur médication, les maladies sont graves, les rechutes sont fréquentes, les convalescences sont longues et la mortalité s'accroît. C'est disent-ils que les évacuations que l'on procure sont insuffisantes ; ils assurent que les petites saignées sont plus nuisibles qu'utiles : qu'elles tuent les malades, tandis que les grandes égorgent les maladies. Que feront-ils, que diront-ils demain ? En moins d'un demi-siècle, on a vu combattre successivement et exclusivement les humeurs, les glaires, le sang, la bile, la faiblesse et l'irritation ; on a proscrit, et plus souvent prodigué, les saignées, les émétiques, les purgatifs, les vésicans, l'opium, le quinquina, le camphre, les spiritueux. Toujours l'encens brûle sur l'autel des maîtres qui, sans exiger de leur disciples des études longues et pénibles, des réflexions sérieuses, promettent des succès brillants, une clientelle nombreuse ; des maîtres qui étonnent par la violence des remèdes qu'ils emploient, par la virulence de leurs déclamations, qui n'hésitent jamais et répètent souvent : Tout avant moi était erreur ; les livres les plus vénérés vous égarent, tout l'essentiel de la théorie et de la pratique de la

médecine se réduit aux propositions que je vous ai fait connaître : enfin, qui en les couvrant de leur égide, mettent leurs adeptes à l'abri de toute responsabilité sociale, et, en leur interdisant
toute critique, même le doute, les font jouir du calme de l'innocence, d'un sommeil tranquille auprès des malades qu'ils immolent. (*Voy. pag.* 170).

. . . .

« Par des instructions claires et précises, les médecins, sous une
bonne législation médicale, apprendraient à leurs concitoyens à
prévenir les maladies, à fortifier leur constitution ; ils auraient à
traiter les accidents imprévus, à combattre les maladies épidémiques, à diriger l'éducation physique des enfants, à suspendre les
coups dont la mort ne cesse de menacer les vieillards. Convaincus que le travail, la sobriété, la pratique de toutes les vertus,
sont nécessaires au bonheur des hommes, à la conservation de
leur santé, de leur vie, ils seraient les plus fermes appuis de la
morale ; et leur influence sur les peuples, tendant toujours à affermir les gouvernements paternels, ils en recevraient d'honorables encouragements. Les hommes les plus distingués par leurs
talents et par leur fortune, reconnaîtraient qu'il n'est pas de jouissances plus durables, plus pures, que celles de secourir ses semblables en proie à la douleur. Des Lagaraye seraient les ministres
d'Hygie, et de son temple seraient à jamais exclus les flatteurs,
les mercenaires et les systématiques.

Le gouvernement connaît le plus funeste des abus. Il ne peut
longtemps paraître sourd aux cris des victimes ; il s'affranchira de
la plus effrayante des responsabilités ; ils recherchera, il fera connaître le nombre des décès, sous l'influence des diverses doctrines médicales : le livre de la vérité, le tribunal de l'expérience,
les registres de l'état civil seront ouverts ; les médecins se conformeront à cet ancien précepte : Abstiens-toi dans le doute. Ils
compteront le nombre de leurs beaux jours par celui de leurs
victoires sur la mort. Dignes successeurs du fils d'Appolon, comme
Esculape, ils oublieront leur propre existence, leurs affections
les plus chères, si nous n'oublions point que la reconnaissance,
en élevant des autels aux grands hommes, a formé les héros. »
(*Voy. pag.* 185).

TABLE

DES MATIÈRES.

—

—

A LA LIBRAIRIE DE GERMER BAILLÈRE,
Rue de l'Ecole de Médecine, 17.

PARIS. — Imprimerie de Lacour et Cie., rue St-Hyacinthe-St-Michel, 33.

9 782013 022880